U0178418

旅 す る タ ネ の 図 鑑

旅行的种子图鉴

[日] 多田多惠子○著　　梁新娟○译　　王辰○审校

中国画报出版社·北京

图书在版编目（CIP）数据

旅行的种子图鉴 /（日）多田多惠子著；梁新娟译
. -- 北京：中国画报出版社，2024.2
ISBN 978-7-5146-2037-5

Ⅰ.①旅… Ⅱ.①多… ②梁… Ⅲ.①种子—普及读
物 Ⅳ.①Q944.59-49

中国国家版本馆CIP数据核字(2023)第185547号

北京市版权局著作权合同登记号：图字01-2023-4773

旅行的种子图鉴

[日] 多田多惠子 著　梁新娟 译　王辰 审校

出　版　人：方允仲
责任编辑：郭翠青
版权编辑：王韵如
封面设计：王建东
内文排版：赵艳超
责任印制：焦　洋

出版发行：中国画报出版社
地　　　址：中国北京市海淀区车公庄西路33号　邮编：100048
发　行　部：010-88417418　010-68414683（传真）
总编室兼传真：010-88417359　版权部：010-88417359

开　　本：16开（787mm×1092mm）
印　　张：3
字　　数：50千字
版　　次：2024年2月第1版　　2024年2月第1次印刷
印　　刷：北京汇瑞嘉合文化发展有限公司
书　　号：ISBN 978-7-5146-2037-5
定　　价：68.00元

—— 去看一场种子旅行的演出 ——

我想，绝大多数人，都曾在不经意间，遇到过一场种子的旅行。

也许是秋日里飘飞坠地的槭树的果实，也许是春风中漫天起舞的柳絮，也许是草丛中即将启程的蒲公英，也许是偶然挂上裤脚的鬼针草……这些植物的果实和种子，都在努力加入旅行大军，为了抵达陌生的远方，它们费尽心机。年复一年，这样的旅行不断上演，植物并不在意这场旅行是否为人所知，是否有人会停下脚步，驻足观赏。

对于有些人而言，心里萌发出想要去观察植物种子的心思，或许在小学抑或初中。自然课或者科学课，又或许是生物课，或多或少会讲到植物的种子。也许你读过《一粒种子的旅行》，无论来自语文课本、扩展阅读读物或者绘本，你都会读到植物种子的奇妙之旅。然而在课程过后，在阅读之后，又有多少人真正亲自去观看种子的旅行呢？

我小时候，就是那种喜爱收集植物种子的孩子，纵然不知晓种子们来自哪种植物，或是因为不会妥善保存而使种子发霉或遭虫蛀，我也依旧满怀欣喜。只不过，后来读了植物学专业，才发现课本里虽然讲了植物种子传播的种种方式，却并未列举出很多案例。想要更加深入地了解植物的种子，需要花费更多的时间和心思，慢慢观察，慢慢收集和积累。

因此，当我看到多田多惠子的《旅行的种子图鉴》时，心里想着：啊呀，要是能早一点看到这样一本书就好了！对于种子爱好者而言，这本书或许是一条捷径。书中不仅仅展示了各式各样的种子，讲述了它们来自何种植物，长相如何，依靠什么方式传播（或者称之为旅行），能够让读者直观地认识一些果实和种子，而且更重要的是，对于采用不同旅行方式的种子，书中介绍了它们的特点：或是有翅，或是极其微小，或是带有钩刺，或是中空……这些特征以图片的形式展现出来，能够让读者更加深切地理解。

之后，你就可以开始自己的寻觅和观察了。即使遇见不认识的种子，也可以看看它们具有哪些特征，猜一猜它们的旅行方式。这才是开启奇妙之旅的钥匙——不一定要按图索骥，而是根据这本书中总结归纳的方法，去搜集属于你自己的一份全新的图鉴。就像有人会心怀疑惑：这本书的作者是日本人，那么列举的植物，不是只在日本才能见得到吗？诚然，其中一些物种在中国很难看到，但种子旅行的方式，无论在中国、日本或是世界其他地方，都是彼此相通的。

那么，就请开始观赏这场种子旅行的盛大演出吧！

王辰

2023年岁末

---

* 本书中的植物中文名，大多数依照《中国植物志》。如有《中国植物志》中并未收录的物种，中文名大多参照"中国植物园联合保护计划"网站给出的名称。

目 录

本书中的种子照片，除非特别注明，均为真实大小。此外，由于植物的果实和种子的构造各不相同，为方便理解，本书中的种子或看起来像种子的果实都统称为"种子"。

色彩鲜艳的果实

美味的果实

橡子

硬壳坚果

蚂蚁搬运的种子

爆裂飞散的种子

变干迸裂后飞扬

世界上奇异的种子

更多详情! 果实和种子的奥妙

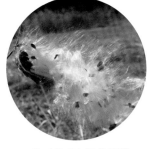

张开茸毛飞扬的萝藦
（见第15页）的种子

漂流到冲绳海岸的种子发芽后
长出的日本文殊兰（见第22
页）和草海桐

随雨滴飞散的粉花月见
草（见第19页）的种子

种子为什么
要旅行呢？

　　植物开花授粉之后会长出果实和种子。植物是不能移动的，而种子却可以移动，然后在新的地方发芽。

　　如果种子没有被带走而在它的亲本植物附近发芽的话，它们就会在寻找土壤养分、光照和水的过程中跟亲本植物或者"兄弟姐妹"产生争执。如果密植的话，植物就容易生病，也容易被昆虫和动物捕食。因此，植物会想尽办法做好种子旅行的准备，避免与亲属竞争，扩大自身的生存机会。

裤子上有许多"黏虫"
[锥序山蚂蝗（见第
25页）、求米草（见
第27页）]

吃白棠子树（见第28页）的果
实并搬运种子的暗绿绣眼鸟

名 词 解 释

一年生草本 种子发芽后一年内开花结籽然后枯萎的植物。

外来物种 被人类带入、原先不分布在该地区的生物种类。

气根 植物的茎和枝上生长出来的根。能够吸取空气和水分，同时起到支撑躯干的作用。

寄生植物 从其他植物中吸取水分、养分以生存的植物。具有自主进行光合作用能力的为半寄生植物，完全依赖寄主植物生存的则为全寄生植物。

原产地 来自外国的生物原本的生长、生存地。

高位沼泽 地表保持整年湿润的草原。覆盖着苔藓等生物，土地养分较少。

互生 多片叶子交替生长在同一枝干上的叶子排列方式（→对生）。

特有种 限定在特定地区（国家/地区、岛屿/山脉等）分布的生物物种。例如日本的特有种、中国的特有种等。

软木质 由植物的树皮和果皮形成的组织。它充满空气，很轻，能浮在水面上。

栖息地 野生植物以自然状态生长的区域。

上升气流 空气受热后变轻并上升而形成的空气流动（气流）。

常绿树 全年保持绿叶的树木。

针叶树 松树、杉树、日本扁柏等，拥有针状或鳞状叶子的"裸子植物"类。

纤维素 植物成分中能制造纤维素等纤维状组织的物质，动物难以消化。

对生 叶子在茎上的排列方式，每节会成对地长出两片叶子（→互生）。

胎生种子 种子在母株枝条上的果实内发芽，并通过根或芽给种子输送营养，例如红树科。

肉质 植物组织，包含许多储水细胞，具有水润柔软的特点。

适应 生物具有适应周围环境的形态和性质。

二年生草本 春天发芽，第一年叶子呈莲座状（叶子从根部沿地面向各个方向展开），不开花，第二年春天开始长出茎并开花结果，之后死亡，保留种子。

黏液 动植物分泌的具有黏性的液体。

板状根 树木底部的板状根系，向空中生长，形状像火箭的尾巴，常见于热带树木。

闭锁花 不展开花瓣，在小花蕾的状态下进行授粉、受精并结果的花。

苞叶 叶子变形后以包住花或果实的方式附着在上面，有时也称为"苞片"。

红树植物 在热带、亚热带海岸和河流下游生长并形成森林的植物。低潮时有泥滩，涨潮时树干半淹在盐水中。红树科是其代表。

雌株 雌雄分开的植物叫作雌雄异株，分别称为雌株和雄株。

野生物种 稻谷、萝卜等被人类加以改良的生物物种称为"培育物种"，而培育物种的同类并在自然界中生长的则被称为"野生物种"。

胚轴 种子的内部结构之一。在红树科植物中，指胎生果实中明显拉长的部位。

油脂 即所谓的"油"。包括核桃、松子等种子或桉树叶中含有的植物性油脂及动物的皮下脂肪等动物性油脂。

落叶树 一年中某个时候树木的叶子完全脱落的树种。

蜡质 在常温下凝结的油脂，可以用作蜡烛的原料。它有植物性的，如从野漆和乌桕的果实中提取的，也有昆虫分泌的动物性的。

从花到果实

花蕊中雌蕊的"子房"（基部膨胀的部分）在授粉后长成果实，子房内部的"胚珠"长成种子。一朵花可能只有一个雌蕊，也可能有许多雌蕊。菊科植物看似一朵花，其实是由许多小花排列而成的。

珊瑚樱（茄科）

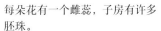

花萼、子房、花柱、柱头、雄蕊、花瓣（花冠）、雌蕊

每朵花有一个雌蕊，子房有许多胚珠。

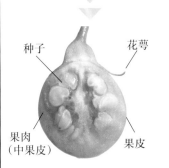

种子、花萼、果肉（中果皮）、果皮

珊瑚樱的果实中有许多种子，中果皮长成厚厚的果肉。

樱花（蔷薇科）

染井吉野樱

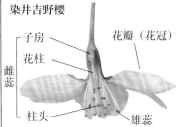

子房、花柱、雌蕊、花瓣（花冠）、柱头、雄蕊

每朵花有一个雌蕊，子房里有一个胚珠。

欧洲甜樱桃

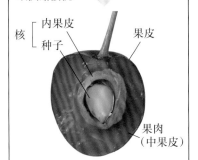

内果皮、种子、核、果皮、果肉（中果皮）

每个果实有一粒种子。在樱桃中，核由坚硬的内果皮保护，以防止动物咬碎种子。具有这种结构的种子被称为"核"。

钩柱毛茛（毛茛科）

许多雌蕊、雄蕊、花瓣（花冠）、花萼

一朵花有许多雌蕊，每个雌蕊长成一个果实。

聚合果、果实、一个果实

由许多果实组成的聚合果。钩柱毛茛的聚合果成熟时会散开，但在某些情况下，整个聚合果会长成一个果实。

向日葵（菊科）

头状花、管状花簇、总苞片、舌状花

舌状花

向日葵的舌状花不结果。

雌蕊的柱头、雄蕊的蕊柱、花瓣（花冠）、管状花、子房

果皮、种子、果实（瘦果）

整朵花称为"头状花序"。向日葵的头状花序由管状花和舌状花组成。有些菊科植物的花（如蒲公英）只由舌状花组成，而有些（如蓟）只由管状花组成。

果皮不增厚，很薄，包着种子。这种类型的种子被称为"瘦果"。

*整个花瓣称为花冠，如果每个花瓣从基部分开，则称为一个花瓣。在本书中，它们统称为"花瓣"。

*支撑头状花序的叶簇称为总苞片。

种子的旅行方式

种子的最佳旅行方式因季节和环境的不同而不同。例如，冬季空气清新的草原和落叶林中，许多植物利用风力使种子旅行。在常绿林中，树叶终年不落，很多植物是靠鸟类和动物食用果实而进行种子旅行。植物根据不同的环境创造了不同的种子旅行方式。

通过什么旅行？	特征①	例		种子如何旅行？	常见植物	常见环境	特征②
风	通过翅膀飞行	槭树、昌化鹅耳枥、椰榆树等		通过翅膀飞行。借着风力转来转去	树（尤其是乔木）	树林（尤其是落叶林）	多利用冬季季候风
风	通过茸毛飞行	蒲公英、圆锥铁线莲、芒等		展开茸毛，轻飘飘地飞行。受侧风影响，有些也会横着飞	草、藤本植物	草地	仅限轻型种子，可以从低处上升到空中
风	小种子散落	长果罂粟、野菰等		非常小而轻的种子会随风飞扬。有时像灰尘一样飞舞	草、灌木	草地、悬崖	数量越多，越容易飞。能够钻进缝隙
水（雨滴）	在雨中散落	猫眼草、粉花月见草等		利用雨滴。小种子随着水花散落在地上	小型草本植物	水边、草地	飞行距离很短。随着水流则可以漂得更远
水（水流）	通过水运送	榼藤、黄菖蒲等		因材质轻而漂浮于水面。有时会随着水流漂流到大海	海岸植物、水生植物	海边、水边	大种子也可以从一片水域移动到另一片水域
动物（人或哺乳类）	毛刺	苍耳、金线草等		通过粘在人或动物身上而移动。钩子和刺等较发达	草	草地、路边、树林	在类似的环境中能够被带走
动物（尤其是鸟类）	漂亮的果实	海州常山、七灶花楸等		主要通过鸟类吃浆果而运送种子。通过鲜艳的颜色吸引鸟类	树、草	树林	容易被吞下，被带到很远的地方
动物（哺乳类或鸟类）	美味的果实	软枣猕猴桃、木通等		主要以哺乳类动物吃果实后吐出种子的方式搬运。以香味和美味吸引动物	树、藤本植物	树林（尤其是热带、亚热带）	难以在胃肠道中消化的坚硬种子
动物（蚂蚁）	蚂蚁搬运	宝盖草、日本球果堇菜等		种子外面裹有蚂蚁喜欢吃的油质体，蚂蚁就会把种子搬运到巢穴里	春天开花的小型草本植物	树林、草地	茂密的草丛
动物（松鼠、老鼠、鸟）	带硬壳的坚果	橡子、核桃等		动物和鸟类囤积了营养丰富的果实，吃剩的部分会发芽	大树	树林	种子可以埋在好多地方
自身力量	爆裂后飞扬	凤仙花、中日老鹳草等		果实爆裂后种子飞扬	草、灌木、藤本植物	草地、树林周边	通过自身力量移动。有时也利用蚂蚁移动

带翅膀的种子

在一个阳光明媚的秋天，种子离开它们的母亲树，一个一个地飞走了。
带翅膀的种子翩翩起舞，像螺旋桨一样旋转着，随风飞到很远很远的地方。

滴溜溜地转
像直升机一样旋转的种子

榉树（榆科）
公园里和街道两旁的落叶树。种子以树枝、枯叶作为翅膀飞翔。

树叶

果实

日本米面蓊（檀香科）
山上的小落叶树，寄生在其他树木的根部。种子以四片苞叶为翅膀旋转。

种子

果皮

梧桐（锦葵科）
一种公园里常见的落叶树。果皮呈船形，种子附在船的边缘，随着果皮旋转。

温州双六道木（忍冬科）
一种落叶小树，以五片花萼为翅膀旋转。

抬头看看这些树

疏花鹅耳枥（左）、昌化鹅耳枥（中）和日本鹅耳枥（右）是同科属。看，那一串串果实从树枝上垂下来。

疏花鹅耳枥（桦木科）
落叶乔木，生于杂树林和公园。果实附在三叶状的苞片上，便于旋转。

苞片

果实

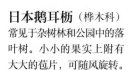

昌化鹅耳枥（桦木科）
常见于杂树林和公园中的落叶树。苞片形似鸟的翅膀，把种子半包起来。

日本鹅耳枥（桦木科）
常见于杂树林和公园中的落叶树。小小的果实上附有大大的苞片，可随风旋转。

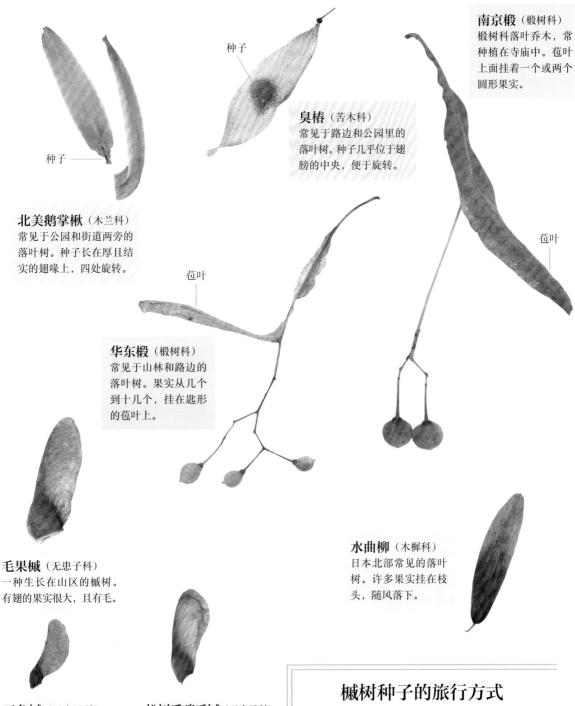

种子

臭椿（苦木科）
常见于路边和公园里的落叶树。种子几乎位于翅膀的中央，便于旋转。

南京椴（椴树科）
椴树科落叶乔木，常种植在寺庙中。苞叶上面挂着一个或两个圆形果实。

种子

苞叶

北美鹅掌楸（木兰科）
常见于公园和街道两旁的落叶树。种子长在厚且结实的翅喙上，四处旋转。

苞叶

华东椴（椴树科）
常见于山林和路边的落叶树。果实从几个到十几个，挂在匙形的苞叶上。

水曲柳（木樨科）
日本北部常见的落叶树。许多果实挂在枝头，随风落下。

毛果槭（无患子科）
一种生长在山区的槭树。有翅的果实很大，且有毛。

三角槭（无患子科）
常见于公园或路边的槭树。

松树氏鸡爪槭（无患子科）
常见于山区森林和公园里的槭树。

山楂叶槭（无患子科）
常见于山区森林中的槭树。种子呈圆形且凸起。

鸡爪槭（无患子科）
常见于山林和公园。叶子和果实都比较小。

槭树种子的旅行方式

槭树家族的果实都是成对地生长，但当它们飞起来时，就会分裂成单个的果实。种子位于翅膀的一端，落下时因为重心的关系而旋转。翅膀表面的细纹可以调节气流，使它们在飞行中保持稳定。

翩翩起舞

种子位于翅膀中心附近，
缓缓飞行

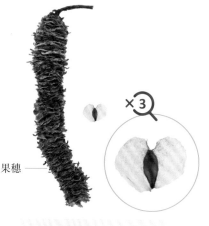

果穗 —

榔榆（榆科）
常见于公园和灌木丛中的落叶树，秋季开花。有翅的果实在深秋和冬季的微风中飞舞。

春榆（榆科）
常见于北方森林和公园中的落叶树，春天开花。果实呈圆形，在初夏的微风中飞舞。

白桦（桦木科）
树形美丽，树干呈白色。果实成熟后，下垂的果穗断裂，无数蝴蝶状果实随风飞舞。

果穗

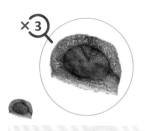

天香百合（百合科）
美丽的百合花开放后，果实在深秋时节成熟破裂，薄而平的种子就会被风吹走。

日本薯蓣（薯蓣科）
野生的山地藤蔓。果实向下张开，薄薄的膜质种子从果实里滑落。

硬桤木（桦木科）
一种常见于野外的落叶树。果实有轻盈的翅膀，从形似松果的果穗里飘出。

心叶大百合（百合科）
在树林下生长的大型多年生草本植物，扁平的种子被三角形的薄翼所包围。

心叶大百合种子的旅行方式

一颗5厘米长的果实生长于直立的茎上，成熟变干后会分裂成三份。里面有被薄膜包围的种子，在冬季强劲的风力下，像纸屑一样随风飞舞。

毛泡桐（泡桐科）
落叶乔木，常见于山上。种子非常小，但通过放大镜看，会让人想起蕾丝服装。

松果
种子附着在针叶树枝上

赤松（松科）
一种常见于树林和花园中
的松树。种子位于薄薄的
翅膀顶端，呈圆形。

北日本五针松（松科）
生长在日本北部山区的
松树。种子有厚而小的
翅膀，不太容易飞行。

水杉（柏科）
一种古老的植物，据说是活
化石，栽种在公园里。松果
有樱桃那么大。

鱼鳞云杉（松科）
分布于中国、俄罗斯和日
本（北海道）。松果在树枝
上是朝下的。种子很小。

松果变干后……

赤松和黑松的松果在潮湿时鳞片会紧闭（左），
变干后鳞片会打开（右）。在阳光明媚的大风天，
种子就会随风飞走。

带棉絮的种子

有些植物的种子有蓬松的茸毛，像降落伞一样在空中飘舞，可以随着上升气流飞得很高。
转化为茸毛的部分不同，茸毛的名称也不同。菊科植物由萼片转化的茸毛被
称为"冠毛"，由种子的一部分转化的茸毛被称为"种毛"。

 —— 冠毛

 —— 柄

大吴风草（菊科）
常见于阴湿地区的多年生草本植物。种子在冬季随风飞翔。

欧洲猫耳菊（菊科）
一种类似于蒲公英的多年生草本植物。冠毛是羽毛状的，有分枝。

药用蒲公英（菊科）
种子有长柄，可以随风飞行。

蜂斗菜（菊科）
一种多年生草本植物，也被栽培用于食用，只有雌性植物才会产生种子。

蓟（菊科）
多年生草本植物，有刺。羽毛状的冠毛呈球状散开。

日本毛连菜（菊科）
两年生草本植物，长在原野上，羽毛状的冠毛呈伞状散开。

泥胡菜（菊科）
二年生草本植物，长在原野上，类似于蓟，但没有刺，种子也很小。

苍术（菊科）
多年生草本植物，长在山野上，种子很重，无法飞起。

蒲公英的小花

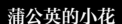

②

花萼 ——

菊科植物的花朵由许多小花组成。如果你拿出蒲公英的一朵小花，就会看到花瓣下面有线状萼片，它会长成花冠毛。圆圈中就是花冠毛的显微照片，它由许多细胞组成，呈锯齿状。

高大一枝黄花（菊科）
一种繁殖能力很强的多年生草本植物，是原产于北美洲的入侵物种，能产生大量的轻型种子。

卵形小头紫菀（菊科）
多年生草本植物，种子有毛，厚厚的花冠毛直接附着在种子上。

—— 种毛

亚洲络石（夹竹桃科）
常绿藤本植物。两组细长的果实在冬季爆裂，带有白色种毛的种子会飞。

萝藦（夹竹桃科）
田野藤本植物。长长的种毛散开如高尔夫球大小，在空中飞舞。

圆锥铁线莲（毛茛科）
木质藤本植物。雌蕊柱头在开花后继续成长，变成羽毛状。

女娄（毛茛科）
类似辣蓼铁线莲的一种藤本植物，种子和茸毛都较小。

秋牡丹（毛茛科）
多年生草本植物。该花有许多雌蕊，每个雌蕊都会长成一枚具有茸毛的果实。

种子

长苞香蒲（香蒲科）
多年生水生或沼生草本植物，有香肠状的穗。在冬季，穗变成棉花糖状，种子会飞。

荻（禾本科）
一种多年生草本植物，生长在潮湿的地方，与芒相似，种子的毛长而柔软。

芒（禾本科）
大型多年生草本植物，秋季出穗，种子长圆形，暗紫色。

白毛羊胡子草（莎草科）
生长在山地沼泽中，初夏产生蓬松的白色穗子，使种子飞扬。

腺柳（杨柳科）
生长在河边湿地的落叶树。初夏，缠绕着种毛的种子大量飞舞。

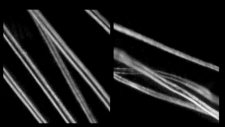

种毛放大后……

二球悬铃木（悬铃木科）
落叶乔木，常见于街边和公园里。乒乓球大小的聚合果实在冬季分解，种子会张开硬毛飞舞。

萝藦（左）和腺柳（右）种毛的显微照片。两者都是由一个单细胞组成的，该细胞已经长成中空，表面光滑。

随风飘散的小种子

如果种子足够小，即使没有翅膀或附着茸毛，也会被风吹散和带走。
在通风良好、光线充足的环境下，经常可以看到草和灌木撒下的小种子。

细小的种子被风吹落

×5

月见草（柳叶菜科）
常见于田野和路边的一种二年生草本植物。茎枯萎后仍能继续站立，种子在冬季强风的吹动下散落。

×5

齿叶溲疏（绣球花科）
落叶灌木，生长在开阔的山坡上。果实的形状像小碗一样，成熟后，"碗"口打开，种子散落。

×5

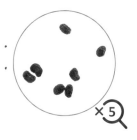

×5

日本楼斗菜（毛茛科）
常见于山区草地的多年生草本植物。果实成熟后顶端开小口，种子就会被风吹落。

长果罂粟（罂粟科）
生长于田野和路边的一年生草本植物。果实成熟后，顶部会打开小口，种子在风中一点一点地掉落。

小种子的神奇之处①

图为生长在山涧岩石上的野生珍珠绣线菊。其小种子的优势是能够进入岩石缝隙，并在缝隙中生长。

×5

珍珠绣线菊（蔷薇科）
落叶灌木，常被种植在花园里。开花后约一个月，星形的果实成熟并打开，释放出种子。

像尘土一样飞扬

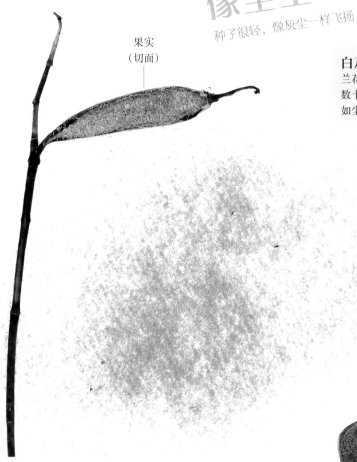

果实
（切面）

白及（兰科）
兰花的一种，每个果实有
数十万颗种子。种子细小
如尘埃。

×5

果实
（切面）

野菰（列当科）
一种寄生植物，没有绿叶，从
其他植物中获取营养。种子小
而多。

×5

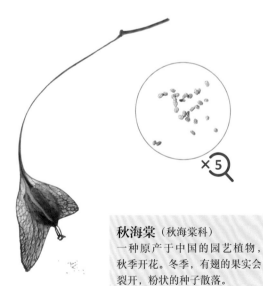

×5

秋海棠（秋海棠科）
一种原产于中国的园艺植物，
秋季开花。冬季，有翅的果实会
裂开，粉状的种子散落。

小种子的神奇之处②

图为兰花的种子，它
们从果实的裂缝中随
风飘散。兰科植物的
种子是所有植物中最
小和最轻的。

利用雨水的种子

有些植物利用从空中落下的雨滴来释放种子。

这些都是小型草本植物，果实成熟后向上打开，小小的种子就会随着水花散落。

×1

×1

日本金腰（虎耳草科）
一种多年生草本植物，生长在林间或山谷湿地。成熟后，果实裂开，形成一个小碗。茎上的叶子为互生。

×5

×1

猫眼草（虎耳草科）
多年生草本植物，生长在水边。春天开花，果实很细，裂开后露出种子，像猫的眼睛。茎上的叶子为对生。

×5

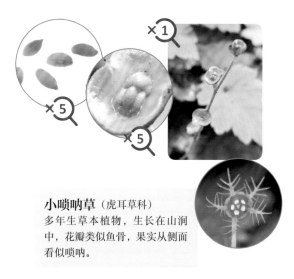

×1

×5

×5

小唢呐草（虎耳草科）
多年生草本植物，生长在山涧中，花瓣类似鱼骨，果实从侧面看似唢呐。

×1

空茎驴蹄草（毛茛科）
多年生草本植物，生长在山间湿地上。一朵花能结出几个果实，这些果实簇拥成星形，成熟后都朝上裂开，露出种子。

在潮湿的地方利用雨水

猫眼草、唢呐草和驴蹄草等植物都是生长在潮湿地方的草。果实成熟后张开呈碗状，上面布满了小种子，像米粒一样。这些种子被雨水冲散，并被水带向远方。丛生龙胆（见右方照片）是另一种生长在湿地上的小草，果实成熟后会张开嘴，利用雨水释放其种子。

笔龙胆（龙胆科）

山间野生的二年生小型草本植物。开花后，花柄变长，果实成熟后顶部张开，细小的种子等待着雨水的到来。

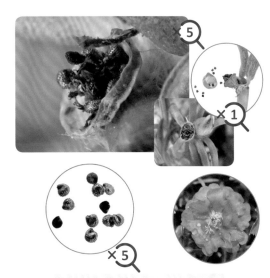

大花马齿苋（马齿苋科）

原产于南美洲的园艺植物。成熟的果实上半部像盖子一样脱落，种子则被雨水冲散。

粉花月见草
（柳叶菜科）

一年生草本植物，原产于美国。成熟的果实在干枯时关闭，潮湿时打开，种子也随机散落。

漆姑草（石竹科）

一年生草本植物。果实成熟后裂开，种子或被雨水滴落或粘在人们的鞋子上被带走。

下雨时果实打开

下雨时，粉花月见草的果实会分裂成四块并打开，里面的种子就被雨水冲散。雨停后变干燥时浆果会萎缩，当它们再次受潮时又会打开。这是因为果实的内皮在吸水时膨胀，在干燥时收缩。

漂流的种子

有些种子通过漂浮在水面上旅行，漂到哪里就在哪里发芽。

有些种子在热带和亚热带地区被发现，说明它们在海洋上漂流了数千公里。

❶ 从南方岛屿漂来的果实和种子

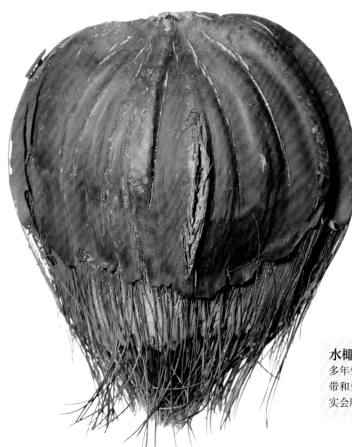

海杧果（夹竹桃科）
厚厚的果肉剥落后，会露出被轻软木质包住的种子。

水椰（棕榈科）
多年生常绿灌木，生长在热带和亚热带地区的水边，果实会顺着海流被带走。

收集它们吧！

图为在日本西表岛收集到的下列植物的种子：榄仁树、水黄皮、水椰、椰子、银叶树、海岸桐、海杧果、露兜树、莲叶桐。

银叶树（梧桐科）
一种亚热带树木，以巨大的板根而闻名。种子形似奥特曼的脸，里面有空腔。

20

越南榼藤（豆科）
热带至亚热带的常绿木质藤本植物，有巨大的下垂的荚果。种子质地坚韧，可远距离漂移。

苦郎树（唇形科）
一种热带至亚热带的海滨树种。每朵花所结的果实可以分成四个果核，漂浮在水面上被带走。

滨玉蕊（玉蕊科）
热带至亚热带的海滨树种，果实呈卵形或近圆锥形，种子被厚厚的纤维和软木质包裹着。

玉蕊（玉蕊科）
生长在热带和亚热带的水边，果皮内含网状交织纤维，种子被包裹在其中。

海岸桐（茜草科）
生长在热带和亚热带海岸的树木。种子被纤维质果皮所包裹，漂流于海上。

红厚壳（红厚壳科）
热带至亚热带大型海滨树种。果肉剥落后，圆而硬的果核漂流上岸。

漂在海中的椰子

海中漂浮的椰子，来自作为食品的椰子果。它大约25厘米长，覆盖着一层厚厚的纤维膜，漂浮在水面上。

红树植物（红树科）

热带全亚热带的红树林植物，涨潮时部分浸泡在海水中。种子在树上发芽，胚轴垂下，幼苗落入水中漂走。

秋茄树

胚轴细面光滑，形似蜡烛，花为白色。

木榄

胚轴很粗，长10—25厘米，花为红色。

红海兰

胚轴有疣，气根从树干的中部向四面八方蔓延。

番杏（番杏科）

一年生草本植物，野生于海滩。叶子肉质，可食用。果实木栓质，质轻。

日本文殊兰（石蒜科）

多年生草本植物。照片中是在塑料袋里发芽的种子。

芽

种子

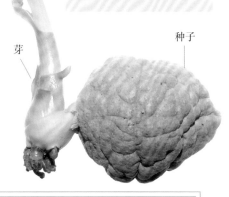

单叶蔓荆（唇形科）

一种落叶灌木，开紫色的花，圆圆的果实有香味。

在树上发芽的红树果实

种子

胚轴

因长期泡在海水的恶劣环境中，红树类进化出一种"胎生种子"机制，即种子在树上发芽。图为红树种子，胎生种子的胚轴从红色花萼上垂下，左边为切面图。

蓝花子（十字花科）

萝卜的野生变种，是沙质海滩的一年生草本植物。成熟的果实在每个节上都可断开，浮于水上。

果托

分散的豆荚

合萌（豆科）
常见于湿地和稻田的一年生草本植物。荚果成熟后枯萎，然后破裂分散，漂浮在水面上。

芡（睡莲科）
常见于池塘和沼泽的一年生植物。巨大的叶子在水面上张开，果实呈球形，外面密生硬刺，可漂浮在水中。

薏苡（禾本科）
一年生草本植物。果实外壳坚硬，里面充满了空气，可漂浮在水中。

莲（莲科）
栽培于池塘中，根状茎可食用。种子长在圆盘状的果托里，可在泥土中休眠多年。

黄菖蒲（鸢尾科）
原产于欧洲的多年生草本植物，在很多非原产地已成为野生植物。种子漂浮在水中，里面有空腔。

丘角菱（千屈菜科）
生活在池塘和沼泽的一年生草本植物。果实在水中下沉，但在洪水中会移动。它们也利用刺附在水鸟上被带走。

欧菱（千屈菜科）
果实有四根刺。古代的忍者把这种果实作为武器——"撒菱"。

水甘草（夹竹桃科）
多年生草本植物，常见于水边。果实常成对生长，呈V字形。种子看起来像折断的彩色铅笔笔芯，可浮在水中被带走。

轻飘飘地浮于水上

×3

左边为合萌果荚的横切面及其内部，种子被包裹在一个软木质的果荚里。右边是黄菖蒲的种子及其横切面，种子内部有空腔。

"黏虫"

有些种子是通过附着在人的衣服或动物身上被带走的。这些种子，
被孩子们称为"黏虫"，它们各自进化出巧妙的旅行方式，利用人和动物来携带它们旅行。
（除了牛蒡以外，第24—25页上显示的所有种子都是真实种子的两倍大小）

用 "钩子" 挂住

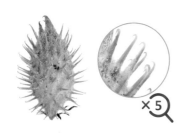

苍耳（菊科）
一年生草本植物，果实表面有钩状刺。

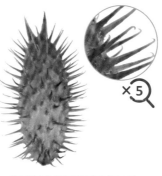

西方苍耳（菊科）
原产于北美的一年生草本植物，常见于河岸和空地。果实红色，刺由总苞片长成。

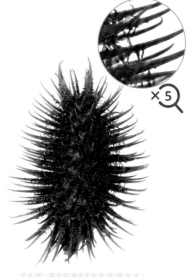

意大利苍耳（菊科）
一年生草本植物，在世界范围内不断增加，刺有分枝。

日本路边青（蔷薇科）
多年生草本植物，生长在林地的路边，一朵花可产生许多带钩的果实。

龙牙草（蔷薇科）
多年生草本植物，生长在山里，花萼形成几层钩刺。

用 "钩子" 粘住

秋天在田野里玩耍时，很多"钩子"会粘在衣服上。图中有尖叶长柄山蚂蟥、龙牙草、日本路边青。

透骨草（透骨草科）
常见于林地的多年生草本植物。果实沿着长长的穗稀疏分布，花萼之中的3枚萼齿的顶端形成钩子。

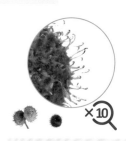

拉拉藤（茜草科）
常见于路边的一年生草本植物，每朵花产生两个果实。"黏虫"在秋季很常见，但拉拉藤的果实常见于初夏。

南方露珠草（柳叶菜科）
多年生草本植物，生长在山野的树荫下。花的基部膨胀成圆形，果实表面密布带钩的毛刺。

小窃衣（伞形科）
生长在原野上的一年生草本植物，果实呈圆卵形，密密麻麻地生长着钩刺。

金线草（蓼科）
生长在林地的多年生草本植物。花的雌蕊分为两瓣，成果后变成钩状。

羽叶长柄山蚂蟥（豆科）
林地多年生草本植物。与尖叶长柄山蚂蟥类似，花和果实较大。

尖叶长柄山蚂蟥（豆科）
生长在山野的多年生草本植物。果实两两相连，表面密布细钩，可粘住衣物。

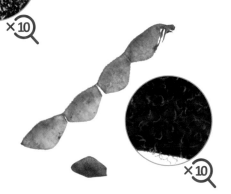

锥序山蚂蟥（豆科）
原产于北美洲的多年生草本植物。荚果扁平，种子成熟后会粘在人或其他物种上，附着力极强。

总苞片

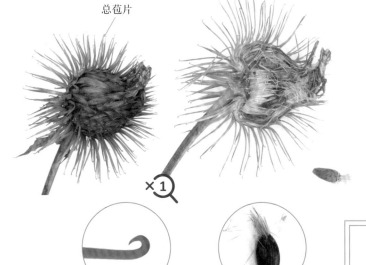

牛蒡（菊科）
牛蒡果的头状花序（左上）和切开的形态（右上）。当总苞片顶端的钩子缠住动物的毛发或衣服时，头状花就会被折断，种子被带走。种子上有残留的冠毛，表明它们曾经是会飞的种子。

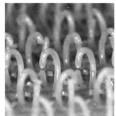

牛蒡的刺和魔术贴

1941 年，瑞士人乔治·德·梅斯特拉尔在遛狗时看到一朵牛蒡头状花粘在狗的毛上，于是他萌生了发明魔术贴的想法。

倒刺 刺入就拔不掉

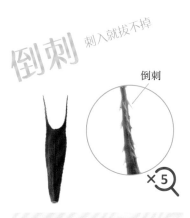

倒刺

×5

大狼杷草（菊科）
原产于北美洲的一年生草本植物，
生长在潮湿的田野和路旁，果实
顶端有两根刺，刺上还有倒刺毛，
刺入后就无法拔出。

×5

鬼针草（菊科）
一年生草本植物，原产于美洲热带
地区，生长在田野和空地上。果实上
的两三根刺是花萼的特化形态，有
倒刺。

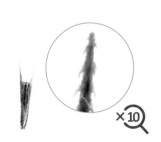

×10

狼杷草（菊科）
稻田杂草，与鬼针草类
似，果实两侧也呈锯
齿状。

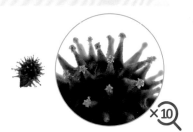

×10

粗糙琉璃草（紫草科）
常见于林地路旁的多年生草
本植物。每一朵蓝色小花都
会结出4枚果实，果实上长
满小锚刺。

香根芹（伞形科）
村庄路旁的多年生草本
植物。一朵花结两个细
长的果实，有倒刺。

×10

×10

狼尾草（禾本科）
田间多年生草本植物。穗为
洗瓶刷的形状，果实上有长
毛和倒刺。

×20

日本莠竹（禾本科）
一年生草本植物。叶片
类似竹叶，果实顶端的
毛有微小的倒刺。

刺入就拔不掉的倒刺

粘在羊毛衣物上的狼尾草种子。

发夹型

苞片

×6

少毛牛膝（苋科）
山野多年生草本植物。
两个针状的苞片保护着
种子，可以像发夹一样
夹住毛发和纤维。

黏着型

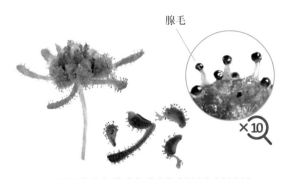

腺毛

腺梗豨莶（xī xiān）（菊科）
一年生草本植物，花序密生紫褐色腺毛，有黏液，可附着在人和动物身上。

×10

×10

果实

和尚菜（菊科）
常见于树林的多年生草本植物。头状花序，瘦果棍棒状，有腺毛。

×10

下田菊（菊科）
常见于树林和水边的多年生草本植物。果实的冠毛可产生黏液，附着在人和动物身上。

×10

天名精（菊科）
生长在树林中的多年生草本植物。花开在侧枝下部，果实成束，可分泌黏液。

芒

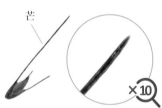

×10

求米草（禾本科）
常见于山野的多年生草本植物。果实上有三根长短不一的芒，成熟时会产生黏液。

大花金挖耳（菊科）
多年生草本植物，与天名精类似。黏液产生于果实的顶端，可以附着在人和动物身上。

受潮后会变黏的车前草种子

车前草种子的表层含有类似纸尿裤的成分，潮湿时会变成果冻并膨胀。在这种状态下的车前草种子被人或车辆踩到时，就会粘在鞋子和轮胎上并被带走。

色彩鲜艳的果实

果实有很多种颜色，红色、蓝色、黑色、紫色等。鸟类被果实鲜艳的颜色所吸引，会吞食果实，但却无法消化坚硬的种子，于是将种子排出体外。一方面，果实小而圆且光滑，便于鸟类食用。另一方面，有些果实又含有苦味和微弱的毒素，以防止被鸟类一次性吃光。

海州常山（唇形科）
野生落叶灌木。也称臭梧桐，因树叶被割下时发出恶臭而得名（臭木）。红色花萼和蓝色果实的对比色会吸引鸟类的注意。

七灶花楸（蔷薇科）
一种落叶乔木，常见于山坡或公园内。红色浆果在冬季成熟，非常漂亮，但味道苦涩，鸟儿会一点儿一点儿地将其吃掉。

日本紫珠（唇形科）
落叶灌木。小粒果实在秋季成熟，呈紫色。常见的近似物种为白棠子树。

麦冬（天门冬科）
林地多年生常绿草本植物。种子在冬季成熟时呈蓝色，外皮脱落，掉在地上会反弹很高。

栀子（茜草科）
常绿灌木，开白色的花，芳香无比。果实在冬季成熟，被鸟啄食。果肉可提取黄色素。

王瓜（葫芦科）
多年生草质藤本植物。鸟类啄食其朱红色果实，种子随粪便排出，形似螳螂头。

让鸟儿帮忙传送种子

暗绿绣眼鸟在吃白棠子树的果实。这种植物将种子藏在柔软的果肉中，再用果实美丽的颜色吸引鸟儿，让鸟儿将种子带到其他地方。

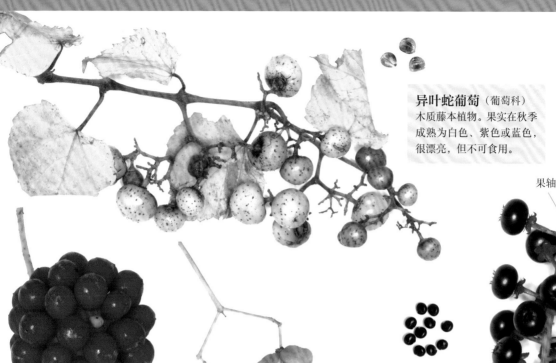

异叶蛇葡萄（葡萄科）
木质藤本植物。果实在秋季成熟为白色、紫色或蓝色，很漂亮，但不可食用。

果轴

日本南五味子（五味子科）
常绿藤本植物。一朵花会结出一簇球形果实，鸟类会啄食。

西南卫矛（卫矛科）
野生落叶乔木。粉红色的果实在秋季成熟，吊挂着红色的种子。

垂序商陆（商陆科）
原产于北美洲的大型多年生草本植物。果实于秋季成熟，在红色果轴上变为黑色，很显眼。红紫色的汁液可用作墨水代用品。

扛板归（蓼科）
山间的野生藤本植物。开花后，肉质的花被片包裹着种子。果实在秋季成熟后变成蓝色或紫色，被鸟类吞食。

乌桕（大戟科）
落叶乔木，在中国和日本都可见到。果皮在秋季开裂，露出覆盖着白色蜡质的种子。这层白色的桕蜡是鸟类的美食。

槲寄生（檀香科）
常绿寄生植物，生长在落叶树上。浆果成熟时呈黄色或朱红色，是一些候鸟喜爱的食物。

槲寄生和小太平鸟

 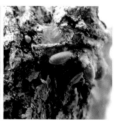

槲寄生浆果含有一种黏性物质，这种物质也使小太平鸟的粪便变得黏稠。（左图）种子就会随粪便寄生在新的树枝上（右图）。

美味的果实

田野和山间盛产美味的果实，初夏的悬钩子和桑葚、秋天的木通和软枣猕猴桃等。

狐狸和猴子也非常喜欢吃这些果实，顺带帮它们搬运了种子。

在某些情况下，部分果肉（内果皮）会变成坚硬的果核，包裹着种子。

悬钩子属（蔷薇科）
一枚"果实"实际上是由许多小果子聚集在一起组成的，很甜。

杨梅（杨梅科）
一种常绿乔木，也有人工栽培。果实表面布满颗粒，一枚果实之中具有一个果核，也只有一颗种子。

掌裂悬钩子
生长在树林中，果实长在带刺的树枝底部，成熟时呈橙色。

茅莓
生长在山间的草地上，枝条带刺，果实呈球形，成熟时呈红色。

蓬蘽
常见于灌木丛中，果实很甜。

糙叶树（大麻科）
落叶乔木。浆果成熟后掉落，散发芳香，鸟类和动物食用。

聚合果

朴树（大麻科）
落叶乔木，可长成大树。果实甜美，鸟儿和狐狸均食用。

天仙果（桑科）
落叶小乔木或灌木。雌株上的果实成熟时呈黑色，甜美可口。

桑树（桑科）
落叶乔木，栽培用于喂蚕。果实为聚花果，在初夏成熟，黑色，味甜。

鸡桑（桑科）
桑树的近亲，野生物种。聚花果较小，但味道很甜，鸟类和兽类会以此为食。

木半夏（胡颓子科）
落叶灌木，也可作为果树栽培。叶子背面呈银色。果实初夏成熟，味甜。

动物食用的果实①

红色和黑色的成熟甜果实，动物都喜欢吃。种子很小，可以通过动物的锋利牙齿和消化道。蓝莓即是如此。图为灰熊在阿拉斯加吃野生蓝莓。

日本四照花（山茱萸科）
落叶小乔木，生长在田野和山区，也可种植在庭院中。果实为聚花果，秋季成熟，味道甜美。

牛奶子（胡颓子科）
生长于河岸和荒野地区的落叶灌木。叶子背面呈银色。果实小，秋季成熟，又甜又涩。

果肉

三叶木通（木通科）
野生落叶木质藤本植物，也可栽培。果实在秋季开裂，露出甜甜的果冻状果肉。

日本野木瓜（木通科）
常绿木质藤本植物。果实成熟时不会开裂，果肉甜美可口，入口即化。

东北红豆杉（红豆杉科）
常绿针叶树，雌株在秋季结果。红色部分呈果冻状，味甜。

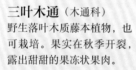

软枣猕猴桃
（猕猴桃科）
野生落叶藤本植物。果实呈椭圆形，味道与猕猴桃相似。

青荚叶（青荚叶科）
野生落叶灌木，叶上开花结果。成熟的黑色果实味道甜美。

北枳椇（鼠李科）
野生落叶乔木。深秋时节，果实与肉质果序轴一起掉落，弯曲的果序轴味道甜美。

动物食用的果实②

软枣猕猴桃和北枳椇的果实虽无色，但有甜味，嗅觉灵敏的哺乳动物会以这些果实为食。图为貂粪便中的软枣猕猴桃（左）和狐狸粪便中的北枳椇（右）。

橡子

壳斗科树木结出的硬而圆的果实统称为橡子。橡子由"壳斗"保护，
"壳斗"的形状像碗或帽子。橡子富含营养，秋天成熟，成为森林动物的食料。
松鼠和老鼠在洞穴中囤积橡子，吃不完的橡子遇到合适的环境会发芽生长。

*橡子的大小因树而异，即使是同一树种也有很大差异。

❶ 落叶树橡子

麻栎（壳斗科）
叶背面无毛。橡子圆形，
壳斗呈拖布状。

壳斗

栓皮栎（壳斗科）
树皮呈木栓质，叶背面
有许多白毛。橡子类似
麻栎。

壳斗

槲树（壳斗科）
叶子可以用于做日式糕点。
橡子为圆形，壳斗为拖布
状，不易破损。

皱波蒙古栎（壳斗科）
常见于寒冷地区。橡子
苦涩，壳斗厚而有鳞。

枹栎（壳斗科）
杂木林中的常见物
种。叶和橡子比蒙
古栎小，壳斗有鳞。

圆齿水青冈
（壳斗科）
常见于日本本州
北部。它的两个
角状橡子被包在
壳斗中。

槲栎（壳斗科）
叶与槲树相似，但有
长柄。橡子类似于蒙
古栎。壳斗有鳞。

日本水青冈（壳斗科）
与圆齿水青冈相似，橡
子有两个，生于长柄
上。壳斗较小。

宿存柱头

赤栎（壳斗科）
叶无锯齿。壳斗有横纹，有茸毛。

赤皮青冈（壳斗科）
叶背面有毛。橡子的宿存柱头粗壮，具有凸起。

云山青冈（壳斗科）
叶细长。橡子有竖纹，壳斗有横纹。

白背栎（壳斗科）
叶背面为白色，边缘呈波浪状。壳斗有横纹。

小叶青冈（壳斗科）
日本关东地区常见，公园中也可见栽种。壳斗有横纹。

青冈（壳斗科）
叶片有粗糙的锯齿。壳斗薄，有横纹。

乌冈栎（壳斗科）
叶小，叶缘中部以上有锯齿。橡子底部变细，壳斗较浅。

可食柯（壳斗科）
常见于公园。壳斗随蒂落下。橡子可食用，无涩味。

柯（壳斗科）
壳斗随蒂落下。橡子表面有白色蜡质。

长果锥（壳斗科）
果实成熟后壳斗裂开。橡子尖而味美。

尖叶栲（壳斗科）
果实成熟后壳斗裂开。橡子小而圆，味道鲜美。

硬壳坚果

坚果是外面有硬壳、内含淀粉和脂肪的果实，如核桃和栗子。星鸦等鸟类、松鼠和老鼠等啮齿类动物，都会收集并储存坚果作为冬季食物，但有些坚果如果没有被吃掉，就会在新的地方发芽。橡子（第32—33页）也属于坚果。

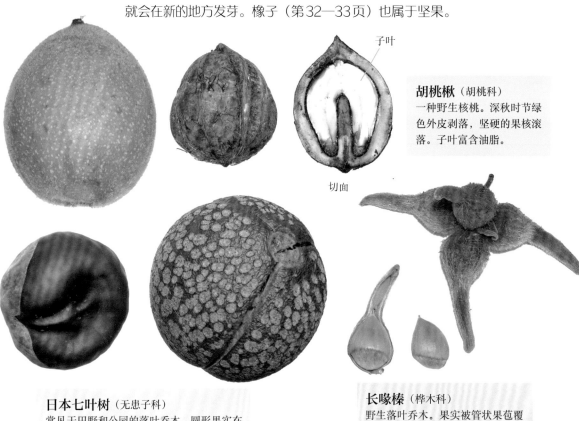

子叶

切面

胡桃楸（胡桃科）
一种野生核桃。深秋时节绿色外皮剥落，坚硬的果核滚落。子叶富含油脂。

日本七叶树（无患子科）
常见于田野和公园的落叶乔木。圆形果实在秋季裂成三瓣，坚硬的种子滚落出来。种子可提取淀粉，做成糯米糕或丸子食用。

长喙榛（桦木科）
野生落叶乔木。果实被管状果苞覆盖，单生或簇生，榛子美味可口。

高山上的星鸦和偃松

高山植物偃松依靠星鸦传播种子。图为携带种子的星鸦（左）、星鸦填埋的种子发芽了（右）。

野茉莉（安息香科）
野生落叶乔木。果实悬挂在枝头上，是一种名叫杂色山雀的鸟类所喜爱的食物。果实含有油脂，但味道苦涩，人类不能食用。

---

* 日本七叶树及其他几种七叶树，种子虽然可提取淀粉，但有毒性，需要经过特殊加工操作后才可食用，直接食用或操作不当有可能中毒。

日本榧（红豆杉科）
常绿针叶树，雌雄异株，秋季在雌株下可以捡到果实。果实含油脂，可食用。

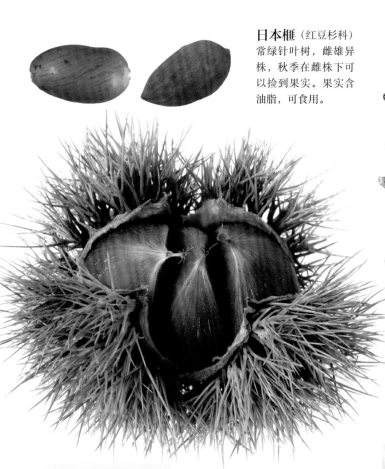

日本栗（壳斗科）
落叶乔木，被广泛栽培，也有野生的。带刺的外壳相当于壳斗。

红松（松科）
山地常绿针叶树。松果保持闭合状态，内含坚硬的种子，剥开后里面就是可食用的"松子"。

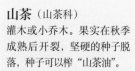

山茶（山茶科）
灌木或小乔木。果实在秋季成熟后开裂，坚硬的种子脱落，种子可以榨"山茶油"。

储藏坚果的动物们

日本松鼠（左）啃胡桃楸，杂色山雀（右）吃野茉莉的种子。大部分果实被吃掉，但也有一些被留下。

动物啃食后的痕迹（食痕）

通过观察种子上的食痕，可以猜测是哪种动物吃的种子。图为松鼠吃掉的红松松果（左）和大林姬鼠吃掉的胡桃楸（右）。

蚂蚁搬运的种子

春天的花草种子上带有果冻状附属物（油质体，种阜）。蚂蚁目光敏锐地找到种子后，会将种子带到巢穴中把附属物吃掉，种子就掉入松软的土壤中。

（本页所有种子和蚂蚁的照片都是实际大小的五倍）。

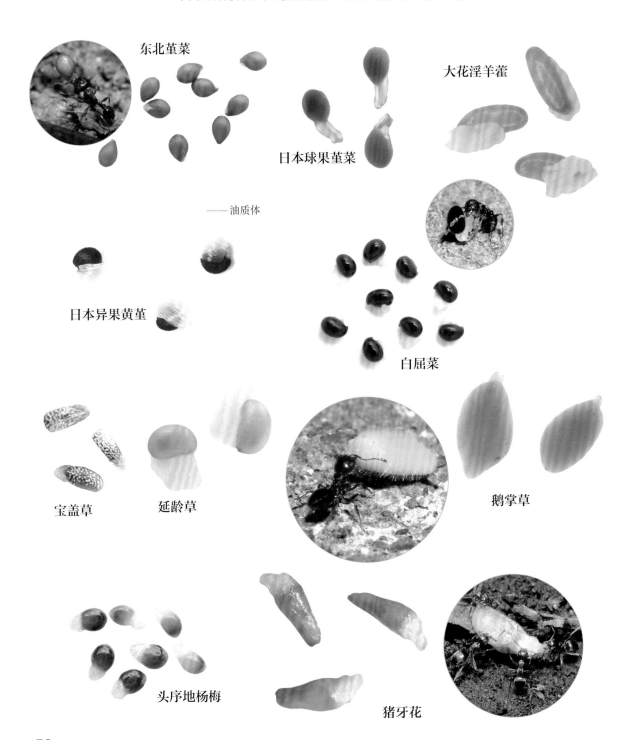

东北堇菜

大花淫羊藿

日本球果堇菜

——油质体

日本异果黄堇

白屈菜

宝盖草

延龄草

鹅掌草

头序地杨梅

猪牙花

东北堇菜（堇菜科）
生长在田野和路旁。果实成熟时裂开，将种子弹出，具有油质体的种子会被蚂蚁带走。

日本球果堇菜（堇菜科）
种子外的油质体较大。种子不会被弹出，一般由蚂蚁带走。

大花淫羊藿（小檗科）
多年生草本植物。果实成熟后爆裂，种子一般由蚂蚁搬运。

日本异果黄堇（罂粟科）
常见于田野和路边。果实不规则弯曲，种子上的油质体会让人联想到玻璃制品。

白屈菜（罂粟科）
常见于田野和路边。当棒状果实成熟时，蚂蚁会弄散带有油质体的种子并带走。

鹅掌草（毛茛科）
春天的林地花卉。一朵花结出多粒种子，种子上有黄色的油质体，熟后撒落在地上。

宝盖草（唇形科）
常见于田野和路边的小草。花瓣退化的花朵（闭锁花）也能结出吸引蚂蚁的种子。

延龄草（藜芦科）
林地草本植物，有三片独特的叶子。果实在夏季成熟，内含满满的种子。种子上带有甜味的油质体。

猪牙花（百合科）
树林中的早春花朵。果实成熟后会开裂。种子顶端的白色部分是吸引蚂蚁的油质体。

头序地杨梅（灯心草科）
草坪上常见的一种小草。掰开成熟的小穗，带有油质体的种子就露出来了。

蚂蚁的杰作

宝盖草（左）生长在寺庙的老土墙上，猪牙花（右）从石缝间发芽。这两棵植物的生长都有赖于蚂蚁。蚂蚁喜欢在狭窄的缝隙中筑巢，一定是它们把种子带到这里的。

爆裂飞散的种子

有些植物在果实干燥萎缩或吸水膨胀时会猛然迸裂并使种子飞散。

这样的种子大都表面光滑，所受空气阻力较少，符合空气动力学原理。它们主要是草本植物和灌木的种子，飞散距离为1—3米。藤本植物多花紫藤的种子，飞散距离可达10米。

变干迸裂后飞扬

窄叶野豌豆（豆科）
春季田间的一年生或二年生草本植物。果实与豌豆相似，成熟后变黑并发出炸裂声，种子就会飞散开。

多花紫藤（豆科）
一种向高处攀缘的落叶藤本植物。大豆荚在冬季干枯迸裂，扁平的种子像飞盘一样在空中飞舞。

两型豆（豆科）
生于田野和山地的藤本植物。成熟的果实干枯卷曲，种子就会飞散开。

豆荚卷曲爆裂弹射种子

（图为窄叶野豌豆）

豆荚荚壁上有纤维，皱缩时会产生扭曲力。经受不住这种扭曲力的豆荚，爆裂后种子就被弹出。

黄杨（黄杨科）
果实的内皮（内果皮）在果实成熟后干枯收缩，弹出种子。种子飞走后的果实会让人联想到猫头鹰。

野老鹳草（牻牛儿苗科）
一年生或二年生草本植物，原产于北美洲，常见于路旁和空地。它的花和果实都比其同科中日老鹳草的小，但也以同样的方式释放种子。

中日老鹳草
（牻牛儿苗科）
日本的著名药用植物。尖刺状果实的基部有5颗种子，当果皮裂开后，种子会一颗一颗地脱落。

东北堇菜
（堇菜科）
当果实向上裂成三瓣时，种子便一颗颗被弹出。

臭常山（芸香科）
野生落叶灌木或小乔木。果实成熟后内果皮皱缩变形，种子被弹出。

金缕梅（金缕梅科）
常见于公园里的落叶灌木或小乔木。果实成熟后打开，当内果皮干燥收缩时，种子就会以极快的速度弹出。

内果皮

东北堇菜果实收缩弹射种子

堇菜属植物的果实成熟后会向上裂开变成类似三条船的形状。随着果实表皮干枯、收缩，小船的宽度也随之缩小，上面的种子一个接一个地被射出，飞散距离约为2米。之后，散落的种子还有可能被蚂蚁搬运（第36—37页）。

紫花堇菜（堇菜科）
花为浅紫色。如下图所示，果实成熟后会分成三瓣，释放出种子。种子在大约两小时内全部撒落。

×18

在水的作用下爆裂

植物细胞不断吸水后会像气球充气一样膨胀，之后，水的压力会使果实裂开、种子飞散。

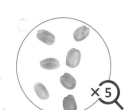

刻叶紫堇（罂粟科）

春季开花的野生草本植物。果实成熟时会爆裂，果皮卷起，种子被弹飞。种子有油质体，由蚂蚁搬运。

×5

油质体

果皮

碎米荠（十字花科）

常见于春天的稻田和路边。当摇动、触摸细长的果实时，果皮立即卷起，种子飞散。

野凤仙花
（凤仙花科）

一年生草本植物，秋季开花，常见于山野水边。果实成熟时果皮膨胀，最后破裂，与种子一起散落。

水金凤（凤仙花科）

一年生草本植物，花为黄色。种子散播机制与野凤仙花相同。

让我们来玩弹射种子吧！

如果你看到这里提到的任何一种植物，请摘下一个成熟的果实，用手指轻轻揉搓。如果种子弹射了，那就说明种子成熟了。图为凤仙花。

凤仙花（凤仙花科）

中国常见栽种的园林花卉。它的拉丁文名意为"急躁的"，和它的中文名"急性子"来源相同，都是指果实成熟后一碰就会爆裂。

---

* 如果想玩弹射种子，请确认两点：一是植物物种不要认错，要避免触摸到有毒或有害的植物；二是如果这些植物生于保护区，或在花坛、花园中有人专门栽种，应先确认你的操作不会违反相关法规。

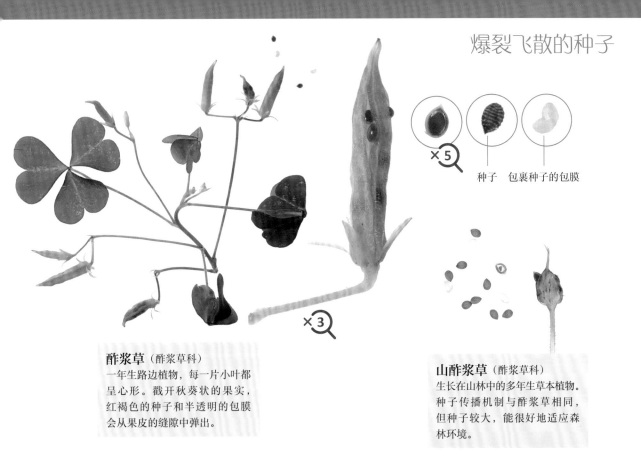

×5

种子　包裹种子的包膜

×3

酢浆草（酢浆草科）
一年生路边植物，每一片小叶都呈心形。戳开秋葵状的果实，红褐色的种子和半透明的包膜会从果皮的缝隙中弹出。

山酢浆草（酢浆草科）
生长在山林中的多年生草本植物。种子传播机制与酢浆草相同，但种子较大，能很好地适应森林环境。

果实爆裂

（图为凤仙花果实）

风仙花科的果实，果皮外层在种子成熟后会吸收水分继续伸展，因此对内层施加卷曲力。果皮最终断裂并向内卷曲，在这样的卷曲力下，种子被弹射出来。

种子包膜破裂

（图为酢浆草果实）

酢浆草的种子生长在半透明的包膜中。种子成熟后，包膜内层吸收水分继续膨胀。只要稍有振动，包膜内层就会立即爆裂翻转，种子就会被巨大的反作用力从果皮中弹射出来。

世界上奇异的种子

让我们把眼光放在日本之外，看看来自世界各地的种子。在东南亚的热带森林中，我们发现了外形独特、会飞的种子。超大的热带水果和带尖刺的果实也会让你大开眼界。

马尼拉榄仁（使君子科）
这个名字在泰语中是"小鸟"的意思。它们的果实有两枚翅，会扑腾着落下。

缅甸胶漆树（漆树科）
漆树家族中的一员，树干分泌的液体可提取生漆。果实通常有五枚翅，会旋转着落下。

龙脑香（龙脑香科）
热带雨林中的一种高大乔木。有两根长长的兔耳状花萼，形成果实的翅，下落时快速旋转。

娑罗双（龙脑香科）
果实上有五片长短不一的萼片，从树枝上落下时会旋转。

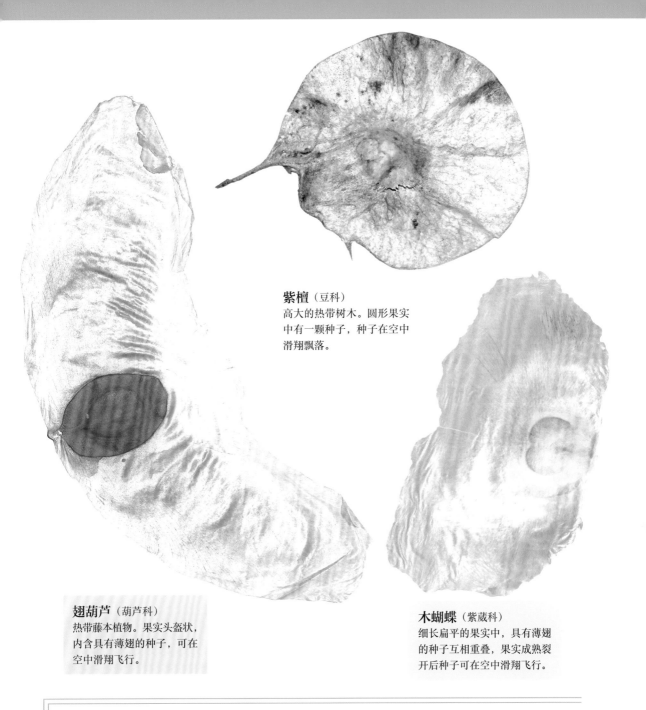

紫檀（豆科）
高大的热带树木。圆形果实
中有一颗种子，种子在空中
滑翔飘落。

翅葫芦（葫芦科）
热带藤本植物。果实头盔状，
内含具有薄翅的种子，可在
空中滑翔飞行。

木蝴蝶（紫葳科）
细长扁平的果实中，具有薄翅
的种子互相重叠，果实成熟裂
开后种子可在空中滑翔飞行。

翅葫芦种子的旅行方式

种子的翅非常薄，当将种子轻轻松开时，它
们会像滑翔机一样在空中轻轻地上下摆动。
种子优异的飞行特性已被应用于飞机设计。
旋转的种子在无风时垂直降落，而滑翔机式
的种子即使在无风时也能长时间飞行。

莱曼桉（桃金娘科）
一种生于澳大利亚的桉树。坚硬的果实聚集成球状，裂开后会看到细小的种子。

班克木（山龙眼科）
生长于澳大利亚干旱地区的一种木本植物。果实聚集在枝条顶端，如果遇到山火，火烧之后果实会很快开裂，种子掉落而出。

光海红豆（豆科）
亚洲热带树种。豆荚裂开并往上卷曲使得种子飞散。种子呈红色，像宝石一样闪闪发光，可用作装饰品。

果实为什么这么大？

波罗蜜原产于亚洲热带地区，是世界上最大的水果。在野外，大象吃这种果实并带走其种子。这种直接附着在树干上的大型果实是其进化的结果，以适应果实的体积和重量。

---

* 光海红豆的种子虽然可以作为装饰品，但本身有毒，绝对不可食用。磨碎的粉末如果接触伤口或眼睛，也有可能引起中毒。

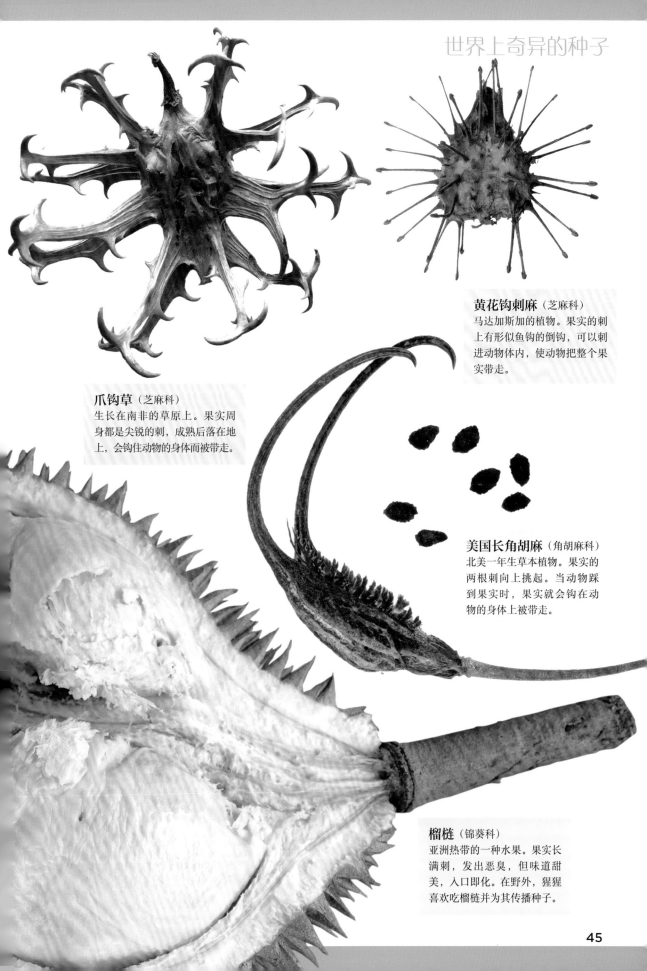

黄花钩刺麻（芝麻科）
马达加斯加的植物。果实的刺
上有形似鱼钩的倒钩，可以刺
进动物体内，使动物把整个果
实带走。

爪钩草（芝麻科）
生长在南非的草原上。果实周
身都是尖锐的刺，成熟后落在地
上，会钩住动物的身体而被带走。

美国长角胡麻（角胡麻科）
北美一年生草本植物。果实的
两根刺向上挑起。当动物踩
到果实时，果实就会钩在动
物的身体上被带走。

榴梿（锦葵科）
亚洲热带的一种水果。果实长
满刺，发出恶臭，但味道甜
美，入口即化。在野外，猩猩
喜欢吃榴梿并为其传播种子。

果实和种子的奥妙

果实的作用是包裹和保护种子，并帮助种子完成旅行。

果实有柔软肥厚的，也有薄而干燥的，还有翅膀伸展开来的。

一旦种子储备了发芽所需的养分，

它就可以踏上通往新天地的旅程了。

果实和种子

不同植物结出果实和种子的方式不同。例如，有些植物在植物学上是果实，但看起来像种子，反之亦然。在本书中，种子和类似种子的果实有时被统称为"种子"，以便于理解。

蒲公英的"种子"相当于果实。种子包裹在薄而干枯的果皮中。

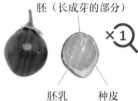

麦冬看似果实，其实是种子。果皮脱落后，种皮（种子的表皮）变成蓝色。

胚（长成芽的部分）

×1

胚乳　种皮

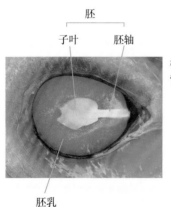

胚

子叶　胚轴

柿子种子的切面。营养物质储存在胚乳中。

胚乳

大豆种子的切面。营养成分储存在子叶中。

胚轴

子叶

×1

种皮

种子发芽需要的养分

种子里储存着养分，因此在种子发芽后，幼苗可以旺盛生长。有些植物将养分储存在胚乳中（如柿子），有些则储存在子叶中（如大豆）。发芽后，子叶生长变大并进行光合作用，产生进一步生长所需的养分。

种子的数量

种子多还是种子大，哪个更有利？这取决于环境。如果是在阴暗的森林环境中，种子大、芽大，则更容易生存。但是，在随时可能被损坏的空地上，增加种子数量以提高存活率可能更有利。

长在空地上的长果罂粟及其小种子。

林地里生长的青木的芽和大粒种子。

从考古遗址中出土的种子（古莲子）开出的莲花。

莲子，能够保持多年休眠状态。

种子发芽的条件

种子发芽需要水、空气和适宜的温度。有些植物还需要更多的光照。如果不能满足这些条件，植物可能会休眠多年而不发芽。考古遗址中出土的2000多年前的莲花种子，也能在适宜的环境下发芽。

收集种子吧！

各种独特的种子，为什么不收集它们呢？收集种子通常不会伤害植物，而且种子大小适中，易于收集和储存。如果手头有这些种子，可以随时对它们进行观察和实验，并测量它们的大小和重量。

① 寻找和捡拾

在田野和公园寻找种子吧。收集在树上或草丛中成熟的种子；收集落在地上的种子；收集粘在衣服上的"黏人虫"（毛刺）；收集橡子，包括它们的壳斗和叶子，以帮助你找到它们的名字；也可以收集被冲到沙堆上的种子。

② 将种子带走

用一个容器将种子带回家。种子如果放在一个大袋子里容易被压碎，因此要将它们分开装在大小不同的容器或袋子里。另外，最好将落叶或纸巾与种子放在一起，以防止种子破碎。

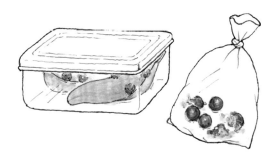

③ 当把种子带回家后

放在袋子或容器中，种子可能会发霉或腐烂，到家后请将种子取出并整理好，平铺在纸上，晾干。有些种子藏在果肉中，应将种子从果肉里取出。

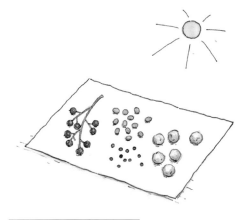

④ 储存种子

种子完全干燥后，将其制成标本，装入拉链袋或容器中，写下植物的名称、采集日期和地点，并将其存放在装有防虫剂的密闭容器中。在空盒子中摆放种子是一件很有趣的事儿。

将可以借助风力飘飞的种子摆放在盒子里。

---

* 收集植物的种子，需要注意以下几点：首先要保证自身的安全，不去危险的地方，有些植物带刺或有可能引起过敏反应，在收集种子时要格外注意。其次，如果要采集种子，请注意不要攀折保护区、公园或别人家的植物枝条，必要时要征得植物主人的同意。还有一点，某些受到法律保护的野生植物，即使是捡拾它们的种子，也是不被允许的。